Marion Keil

Lernstationen Mathematik
Schriftliche Addition

3. und 4. Klasse

Persen Verlag

Die Autorin Marion Keil
ist eine erfahrene Grundschullehrerin und Autorin von mehreren Unterrichtshilfen.

Gedruckt auf umweltbewusst gefertigtem, chlorfrei gebleichtem und alterungsbeständigem Papier.

Nach den seit 2006 amtlich gültigen Regelungen der Rechtschreibung.

1. Auflage 2011

Illustrationen: Hendrik Kranenberg
Satz: DTP Studio Koch, Oberweißbach

ISBN: 978-3-8344-**3019**-9
www.persen.de

Inhaltsverzeichnis

Einleitung

Im Verlauf des dritten Schuljahres erfahren einige Kinder Entlastung im Kopfrechnen durch die Einführung der schriftlichen Rechenverfahren. Nach den halbschriftlichen Verfahren wird zuerst die schriftliche Addition eingeführt. Der Nachteil dieser automatisierten Rechenverfahren ist die Stupidität. Nachdem die Kinder das „Rezept" verstanden haben, müssen sie einfach nur üben, üben, üben. Oftmals wird dies durch den „Buchunterricht" und das ständige Abarbeiten der gleichen Aufgabentypen langweilig. Auch die Differenzierung kommt oftmals zu kurz. Kinder, die das Verfahren schnell beherrschen, sind oftmals unterfordert und müssen sich trotzdem noch durch die Übungen quälen.

Dies bewog mich zur Arbeit an diesen Lernstationen. Durch drei Schwierigkeitsgrade (einfache Übungen, schwierigere Übungen zum Nachdenken und die Einbindung von Sachaufgaben) sowie die Differenzierung der Lernschwierigkeiten innerhalb jeder Station (leicht oder schwer) ist es möglich, nach der Vermittlung des Rechenverfahrens auf die einzelnen Kinder individuell einzugehen. Außerdem sind die Übungen mit Zahlenkarten, einem Würfelspiel, Einkaufssituationen usw. sehr abwechslungsreich gestaltet, sodass keine Langeweile auftritt.

Neben Hinweisen zur Einführung der schriftlichen Addition und der Anwendung des Verfahrens innerhalb der Stationen bietet das Buch auch noch Ideen für Hausaufgaben und Tests, sodass das Thema umfassend in Klasse 3 bearbeitet werden kann. Außerdem sind die Stationen für eine Wiederholung am Anfang der Klasse 4 geeignet.

1 Theorie und Didaktik der schriftlichen Addition

1.1 Theoretische Überlegungen

Das Normalverfahren der schriftlichen Addition beruht auf dem Kommutativ-, Assoziativ- und Distributivgesetz sowie auf der Tätigkeit des Umbündelns bei Überschreiten des Wertes 9.

Eine Beispielaufgabe 246 + 128 kann mithilfe des Kommutativ- und Assoziativgesetzes wie folgt umgeschrieben werden.

$$\begin{aligned} 246 + 128 &= (200 + 40 + 6) + (100 + 20 + 8) \\ &= (6 + 8) + (40 + 20) + (100 + 200) \end{aligned}$$

Das Distributivgesetz besagt, dass es ausreicht, die entsprechenden Ziffern spaltenweise zu addieren. Es ergibt sich:

$$\begin{aligned} &= (6 + 8) + (40 + 20) + (100 + 200) \\ &= (6 + 8) + (4 \cdot 10 + 2 \cdot 10) + (1 \cdot 100 + 2 \cdot 100) \\ &= (6 + 8) + (4 + 2) \cdot 10 + (1 + 2) \cdot 100 \end{aligned}$$

Das Umbündeln von 14 Einern in 1 Zehner und 4 Einer ergibt:

$$\begin{aligned} &= (6 + 8) + (4 + 2) \cdot 10 + (1 + 2) \cdot 100 \\ &= (4 + 1 \cdot 10) + (4 + 2) \cdot 10 + (1 + 2) \cdot 100 \\ &= 4 + (1 + 4 + 2) \cdot 10 + (1 + 2) \cdot 100 \\ &= 4 + 7 \cdot 10 + 3 \cdot 100 \\ &= 4 + 70 + 300 \\ &= 374 \end{aligned}$$

Nach dem Normalverfahren der schriftlichen Addition gelten folgende Regeln für die schriftliche Addition (vgl. Padberg, Friedhelm: Didaktik der Arithmetik. Mannheim, Leipzig, Wien, Zürich 1992, S. 158 ff.):

- Die Summanden werden stellengerecht untereinander geschrieben.
- Man rechnet von rechts nach links, also erst die Einer, dann die Zehner, dann die Hunderter ... und von unten nach oben.
- Wird innerhalb einer Stellenwertspalte der Wert 9 überschritten, notiert man die Übertragszahl (meist etwas kleiner) in der nächsten linken Stellenwertspalte.

Eine Beispielaufgabe wird folgendermaßen berechnet:

	2	4	6
+	1	2	8
		1	
	3	7	4

Einerstelle: 6 + 8 = 14 → Einerstelle 4 notieren, Zehnerstelle 1 als Übertragszahl in der zweiten Spalte notieren

Zehnerstelle: 1 + 2 + 4 = 7 (Übertragszahl 1 nicht vergessen)

Hunderterstelle: 1 + 2 = 3

Ergebnis: 374

1.2 Didaktische Anmerkungen

Aufgrund der Wichtigkeit der stellengerechten Notation ist darauf zu achten, dass die Schülerinnen und Schüler in Kästchenpapier (Rechenheft oder Rechenblätter) exakt untereinander schreiben. Zu Beginn empfiehlt sich ein Arbeitsblatt (siehe Seite 7) mit vorgeschriebenen Aufgaben, um den Kindern die genaue Notation deutlich zu machen.

Die Berechnung der Summanden von unten nach oben ist nicht zwingend notwendig, macht aber Sinn, damit nicht vergessen wird, die Übertragszahl zu addieren. Es empfiehlt sich, dass man sie nach der Notation direkt als ersten Summanden addiert. Eine Kontrollrechnung kann dann von oben nach unten erfolgen.

Das Hinschreiben der Übertragszahl ist aufgrund der Komplexität der Aufgabe sehr wichtig und Kinder, die behaupten, sie können sich alles im Kopf merken, vergessen doch schnell diesen kleinen Übertrag. Die Übertragszahl sollte kleiner geschrieben werden als die anderen Zahlen, um sie als Übertragszahl und nicht als falsch aufgeschriebene Ziffer der Aufgabe kenntlich zu machen. So wird sie nicht doppelt berechnet.

Ein Doppelstrich unter der Aufgabe ist etwas aus der Mode gekommen, früher diente er der Bestätigung, dass die Aufgabe nachgerechnet und für richtig befunden wurde. Ein Häkchen für „nachgerechnet" kann den Kindern ebenso als Hilfe dienen.

1.3 Einführung der schriftlichen Addition

Wiederholung des Kopfrechnens

Um die Aufgaben der schriftlichen Addition schnell berechnen zu können, ist lediglich das kleine 1 + 1 nötig. Dies sollten die Kinder aber im 3. Schuljahr automatisiert haben oder schnell einüben können. Eine gute Vorübung zur schriftlichen Addition ist daher das Kopfrechnen mit Aufgaben zum 1 + 1. Da dies Thema des 1. Schuljahres war, sollten im 3. Schuljahr Kettenaufgaben damit gebildet werden, die die Kinder in ihren Kopfrechenleistungen fördern, sie aber nicht unterfordern. Folgende Möglichkeiten bieten sich an:

1. Kopfrechenschlange (Spiel mit der ganzen Klasse):
Der Lehrer nennt Einerzahlen, die die Kinder so schnell wie möglich im Kopf addieren sollen.
Beispiel: 7 + 2 … + 4 … + 7… + 8 … + 5 … + 9 … + 3 … + 6 = 51
Wer die richtige Endzahl hat, hat gewonnen.

2. Kettenaufgabe (Einzelarbeit):
Der Lehrer schreibt immer eine Kettenaufgabe an die Tafel. Wer die richtigen Ergebnisse hat, hat gewonnen.
Beispiel: 6 + 5 + 8 + 3 + 9 + 1 + 2 + 6 + 4 = 44

3. Würfelfix (Spiel für mindestens drei Kinder):
Drei Kinder spielen zusammen. Ein Kind würfelt mit einem Sechser- oder Zehnerwürfel so schnell wie möglich und rechnet alle Zahlen zusammen. Wer die meisten Zahlen in einer Minute richtig addieren kann, hat gewonnen. Kind 2 stoppt die Zeit und zählt die Würfe. Kind 3 rechnet mit und kontrolliert die von Kind 1 genannten Zwischenergebnisse. Ein falsches Ergebnis zählt nicht als Wurf, Kind 3 korrigiert die Ergebniszahl und es wird mit dieser richtigen Zahl weitergespielt.

4. Klopfschlange (Spiel mit der ganzen Klasse):
Es wird mit der ganzen Klasse reihum gespielt. Zunächst wird die Reihenfolge festgelegt. Die Kinder klopfen mit der Faust 1- bis 9-mal je nach Wahl auf den Tisch. Das erste Kind klopft eine Zahl. Kind 2 klopft eine zweite Zahl, die addiert werden muss usw. Wenn alle Kinder dran waren, wird das Ergebnis genannt. Kinder mit dem richtigen Ergebnis sind Sieger.

Einführung des neuen Rechenverfahrens

Für die Einführung der schriftlichen Addition bietet sich eine Rechenkonferenz an, denn die Kinder sollen nicht nur verstehen, was sie machen, sondern auch warum. Eine Doppelstunde ist dafür geeignet, um die Zusammenhänge im Ganzen klar verdeutlichen zu können.

Als Einführungsaufgabe bekommen die Kinder bereits eine Aufgabe mit Übertrag, um die Problematik des Berechnens von der Einer- bis zur Hunderterstelle zu erfahren. Durch das halbschriftliche Additionsverfahren, das zumeist vor der Einführung der schriftlichen Addition behandelt wird, ist den Kindern bekannt, dass man die Stellen separat berechnen kann:

Beispiel 1, Addition der einzelnen Stellen:
426 + 347 = 400 + 300 + 20 + 40 + 6 + 7 = 700 + 60 + 13 = 773

Beispiel 2, Addition des aufgeteilten zweiten Summanden zum ersten Summanden:
426 + 347 = 426 + 300 + 40 + 7 = 726 + 40 + 7 = 766 + 7 = 773

Nun wird den Kindern berichtet, dass sie heute ein schnelleres Verfahren lernen, nämlich wie Erwachsene zu rechnen: Sie schreiben die Aufgabe untereinander und rechnen sie dann aus. Ohne weiteren Kommentar wird den Kindern folgendes Arbeitsblatt mit dem Auftrag ausgeteilt, in Gruppen in einer Rechenkonferenz eine Lösung der Aufgabe herauszubekommen.

Arbeitsblatt 1: Rechnet die Aufgabe in Gruppen aus. Überlegt, wie ihr sie rechnet.

	H	Z	E
	4	2	6
+	3	4	7

Die Kinder werden entweder ihr „altes“ System des halbschriftlichen Rechnens benutzen oder die Stellen bereits untereinander berechnen. In einer kurzen Vorstellungsphase schildern die Kinder ihren Rechenweg. (Noch nicht das Ergebnis, nur, wie sie gerechnet haben, d. h. untereinander, nebeneinander, wie im Verfahren zuvor ...)

Um den Vorteil des Berechnens von der Einerstelle zur Hunderterstelle mit Notation des Übertrages herauszubekommen, sollen die Kinder nun auf einem zweiten Arbeitsblatt die Stellen untereinander von der Hunderter- bis zur Einerstelle und von der Einer- bis zur Hunderterstelle berechnen und überlegen, was günstiger ist.

Arbeitsblatt 2: Rechnet die erste Aufgabe vom Einer bis zum Hunderter, die zweite Aufgabe vom Hunderter bis zum Einer. Was fällt euch auf?

	H	Z	E				H	Z	E
	4	2	6				4	2	6
+	3	4	7			+	3	4	7

In einer Gesprächsphase sollen die Kinder Vorteile und Nachteile darlegen. Wenn möglich kommt heraus, dass beim Beginn bei den Einern die Zahl 13 bereits aufgespalten und als Einerzahl 3 in der Einerstelle, der Zehner als 1 in der mittleren Spalte vermerkt werden kann. Die Kinder rechnen die beiden Aufgaben an der Tafel vor und der Lehrer hilft bei der Einsicht, dass man den Zehner „umbündeln“ , d.h. in die nächste linke Spalte zu den Zehnern als kleine Übertragszahl addieren kann. Sogleich wird den Kindern erklärt, dass es günstig ist von unten nach oben zu rechnen, um die Übertragszahl als Erstes zu berechnen und nicht zu vergessen. Die Übertragszahl sollte kleiner geschrieben werden (halb so hoch wie ein Rechenkästchen), um eine Verwechslung mit einer „normalen" Ziffer auszuschließen. Die Stellen müssen ebenso genau untereinander geschrieben werden, um eine Verwechslung der Stellen zu vermeiden. Damit dies alles so beachtet wird, können die Kinder mit dem Lehrer ein „Rezept" an der Tafel entwickeln. Hier ein Beispiel:

1. Worauf muss beim schriftlichen Addieren geachtet werden?
   a) Schreibe alle Stellen genau untereinander.
   b) Rechne von unten nach oben, vergiss nicht die Übertragszahl.
   c) Schreibe die Übertragszahl kleiner, um sie nicht mit einer Zahl der Aufgabe zu verwechseln.

2. Wie rechnest du bei der schriftlichen Addition?
   a) Addiere zuerst die Einerzahlen, dann die Zehnerzahlen, dann die Hunderterzahlen.
   b) Ist ein Ergebnis größer als 9, so schreibe die Zehnerzahl als Übertragszahl in die nächste Spalte links klein dazu und addiere sie dort mit.

Mit diesen Hilfen, die die Kinder auch als Merkblatt bekommen können, sollen sie weiterhin in Gruppenarbeit ein Arbeitsblatt mit entsprechenden Aufgaben lösen. Dabei rechnet jedes Kind nur eine Spalte und erklärt für die anderen den Rechenschritt mit. So muss jedes Kind alles genau beobachten und aufpassen, wenn es an der Reihe ist. Da bisher Überträge immer nur zur Zehnerspalte behandelt wurden, ist die letzte Aufgabe mit Übertrag der Zehner- zur Hunderterspalte. Die Kinder haben dazu einen Achtung-Vermerk auf ihrem Arbeitsblatt.

Arbeitsblatt 3: Übe diese Aufgaben in deiner Gruppe. Jeder rechnet eine Spalte und gibt dann an ein anderes Kind weiter. Kontrolliert die Kinder eurer Gruppe und helft euch gegenseitig.
Achtung: Bei der letzten Aufgabe ist der Übertrag an einer anderen Stelle!

247	448	162	119	396
+ 325	+ 137	+ 729	+ 539	+ 562

Lösungsblatt:

247	448	162	119	396
+ 325	+ 137	+ 729	+ 539	+ 562
1	1	1	1	1
572	585	891	658	958

Nach der Übungsphase wird gemeinsam kurz besprochen, dass der Übertrag vom Einer zum Zehner genauso ist wie der Übertrag von der Zehner- zur Hunderterstelle (Verweis auf letzte Aufgabe des Arbeitsblattes 3). Als Hausaufgabe bekommen die Kinder ein weiteres vorgeschriebenes Arbeitsblatt zum Bearbeiten. Ein Lösungsblatt wird am folgenden Tag in der Schule ausgelegt.

Hausaufgabe: Löse so, wie du es in der Schule gelernt hast. Achte auf den Übertrag und vergiss nicht, die Übertragszahl zu addieren.

269	328	212	136	375
+ 125	+ 439	+ 729	+ 539	+ 462

Lösung zur Hausaufgabe:

	2	6	9
+	1	2	5
		1	
	3	9	4

	3	2	8
+	4	3	9
		1	
	7	6	7

	2	1	2
+	7	2	9
		1	
	9	4	1

	1	3	6
+	5	3	9
		1	
	6	7	5

	3	7	5
+	4	6	2
	1		
	8	3	7

In der nächsten Stunde müssen noch die speziellen Fälle behandelt werden.

1. Ungleiche Anzahl an Stellen:

14 + 387 =

	H	Z	E
		1	4
+	3	8	7

Sind Stellen unbesetzt, so werden sie stellengemäß untereinandergeschrieben und Stellen werden leer gelassen.

2. Rechnen mit der Null:

Auch bei 6 + 4 darf die Übertragszahl von 10 nicht vergessen werden.

	H	Z	E
	4	2	6
+	3	4	4

	H	Z	E
	4	2	6
+	3	4	4
		1	
	7	7	0

Additionen mit 0 ergeben den zweiten Summanden (nicht zu verwechseln mit der Multiplikation mit Null).

	H	Z	E
	4	0	6
+	3	4	0

	H	Z	E
	4	0	6
+	3	4	0
	7	4	6

3. Rechnen mit Kommazahlen:

	4	0	6,	9	8	€
+	3	4	0,	5	5	€
			1	1		
	7	4	7,	5	3	€

Zahlen mit Kommazahlen zum Berechnen von Geld werden genauso gerechnet. In der Ergebniszeile wird wieder ein Komma und das €-Zeichen eingefügt.
Sind alle diese Beispiele geklärt, so können die Stationen folgen.

Phase Zeit	Unterrichtsverlauf	Didaktisch-methodischer Kommentar	Sozialform	Medien
Einführung 15 Min.	Kopfrechenspiel als Wiederholung (siehe 4 Spielmöglichkeiten bei Wiederholung des Kopfrechnens)	Ein Spiel hat einen hohen Aufforderungscharakter. Es ist daher ideal als Stundeneinstieg.	Frontalunterricht	–
Erarbeitung I 15 Min.	Die Kinder rechnen die Aufgabe 426 + 347 = ? und führen eine Rechenkonferenz durch.	Bei der Rechenkonferenz geht es darum, den Kindern möglichst viel Freiraum beim Aufschreiben der Lösungswege zu lassen. Zunächst werden die Aufgaben individuell bearbeitet (E, Z, H addieren; H, Z, E addieren oder H, Z, E zur ersten Zahl addieren ...) und dann in der sogenannten Rechenkonferenz am Gruppentisch erklärt und verglichen. Die Kinder sollen dabei nur ihren Rechenweg, nicht die Ergebnisse erklären.	Gruppenarbeit	AB 1
	Die Ergebnisse der Kinder werden in der Klasse gesammelt und diskutiert.	Für den weiteren Verlauf und das Verständnis der schriftlichen Addition sollen die Strategien H, Z, E addieren und E, Z, H addieren verwendet werden. Wurde eine Strategie von den Kindern nicht genannt, so wird sie von der Lehrerin hinzugefügt.	Frontalunterricht	
Erarbeitung II 20 Min.	Die Kinder sollen auf einem Arbeitsblatt, auf dem die Summanden untereinander stehen, ihre bzw. die Strategien H, Z, E addieren und E, Z, H addieren anwenden. Die Rechenwege der Kinder werden zunächst am Gruppentisch und dann in der Klasse diskutiert. Kinder rechnen vor.	Um die Erleichterung durch das algorithmische Stellenwertaddieren zu verstehen, sollen die Kinder entdecken, dass es beim Addieren günstiger ist, mit den Einern zu beginnen, denn dann kann man die Überträge gleich mitaddieren und spart einen Additionsvorgang.	Gruppenarbeit Frontalunterricht	AB 2
Erarbeitung III 20 Min.	Es werden Regeln zur Bearbeitung der schriftlichen Addition erarbeitet. Dieses Regelblatt, das die Kinder als Merkblatt bekommen, soll hilfreich bei der Addition sein.	Wenn möglich, werden die Regeln von den Kindern selbst genannt (untereinander, Übertragszahl klein, Übertrag mitaddieren, von unten nach oben …) bzw. vom Lehrer ergänzt.	Frontalunterricht	Regelblatt
Übungsphase I 20 Min.	Die Kinder bearbeiten in Gruppen ein Arbeitsblatt mit Aufgaben mit Übertrag und helfen sich gegenseitig. Lösungsblatt möglich.	Gruppenarbeit ist sinnvoll, damit die Kinder ihre Rechenschritte ergänzen und überwachen können, sich im Notfall korrigieren oder gegenseitig helfen. Um die Gruppenarbeit zu kontrollieren, hängt ein Lösungsblatt an der Rückseite der Tafel.	Gruppenarbeit	AB 3
Hausaufgabe / Übungsphase II	Jedes Kind bearbeitet ein Arbeitsblatt zu Hause mit Lösungsblatt in der Schule. Probleme können am nächsten Tag angesprochen werden.	Die Kinder können nun testen, ob sie die Additionsaufgaben auch allein lösen können.	Einzelarbeit	Hausaufgabenblatt
Nächster Tag:				
Erarbeitung	Aufgaben mit Null und ungleichen Stellen werden besprochen. Probleme der Hausaufgabe können geklärt werden.	Um Spezialfälle auch in den Stationen behandeln zu können, werden diese in der nachfolgenden Stunde besprochen und weitere Probleme geklärt, damit die Lernstationen angeschlossen werden können.	Frontalunterricht	Tafel

1.4 Möglichkeiten für Hausaufgaben

Die Hausaufgaben während der Lernstationen stellen den Lehrer immer wieder vor ein Problem. Daher sollen hier Möglichkeiten aufgezeigt werden:

1. Wiederholungsaufgaben zum 1 + 1 wie in Kapitel 1.3 beschrieben (Würfelfix, eigene Kettenaufgaben ausdenken und ausrechnen usw.).
2. Stations-Arbeitsblatt zur Einzelarbeit mit nach Hause nehmen und dort ausfüllen. (Dies ist auch gut, wenn die Stationen nicht zu viele Tage dauern sollen.)
3. Eigene Aufgaben würfeln und addieren.
4. Übungen aus einem Rechenbuch oder Rechenarbeitsheft zum Thema schriftliche Addition.
5. Zehn Additions-Aufgaben und Lösungen zu Hause notieren, am nächsten Tag geben die Kinder ihre Aufgaben zur Berechnung an ein anderes Kind weiter.

1.5 Schriftliche Addition als Wiederholung in Klasse 4

Alle Stationen können leicht um die Tausenderstelle erweitert werden und dienen im 4. Schuljahr als Wiederholung des Themas. Außerdem befinden sich in Kapitel 2.6 ergänzende Lernstationen für Klasse 4.

1.6 Die Lernkontrollen

Im Anschluss an die Kopiervorlagen sind dem Buch zwei Lernkontrollen (leicht und schwer) zum Thema schriftliche Addition angehängt. Diese beiden Tests können differenziert nach Behandlung der Stationen geschrieben werden.
Kinder, die mit den leichten Stationen gearbeitet haben, können den Test mit den leichten Materialien erhalten. Kinder, die mit den schwereren Stationen gearbeitet haben, können den Test mit den schweren Materialien bearbeiten.

2 Die Lernstationen

2.1 Die Lernstationen im Überblick

1. Einfache Rechenübungen

Nr.	Name	Beschreibung	Differenzierung	Kontrolle
1	Aufgaben schreiben und addieren	Fertige Aufgaben richtig untereinander schreiben und addieren	gleiche oder ungleiche Stellenanzahl	Lösungsblatt
2	Aufgaben würfeln	Hunderterzahlen mit einem Würfel würfeln, untereinander schreiben und addieren	2 oder mehrere Summanden würfeln	Partnerkontrolle
3	Geheimschrift	Ergebniszahlen von Additionsaufgaben ordnen und Buchstaben zuordnen	wenige oder viele Überträge in den Aufgaben	Lösungswort und Lösungsblatt
4	Zuordnungsspiel	Aufgabenkarte zum Ausrechnen und Bildkarten mit Lösungen zum Aufkleben	wenige oder viele Aufgaben	Lösungsbild und Lösungsblatt
5	Memorix	Memorixspiel mit Aufgabenkarte und dazugehöriger Ergebniskarte: Wer eine Aufgabenkarte aufdeckt, muss sie ausrechnen und die zugehörige Ergebniskarte wie bei Memorix finden	wenige oder viele Kartenpärchen	Partnerkontrolle und Lösung durch vorhandene Ergebniskarte

2. Schwere Rechenübungen

Nr.	Name	Beschreibung	Differenzierung	Kontrolle
6	Klecksaufgaben	Aufgaben mit fehlenden Ziffern lösen	mit oder ohne Übertragszahl	Lösungsblatt
7	Aufgaben mit Karten legen	Mit Zahlenkarten 0 bis 9 eine Aufgabe zu einem Ergebnis legen	einfache oder schwerere Ergebnisse	Lösungsblatt bzw. Partnerkontrolle
8	Würfelspiel	Felder, auf denen man landet, müssen addiert werden, größte Schlusszahl gewinnt	kleinere oder größere Zahlen auf dem Spielplan	Partnerkontrolle
9	Ziffern vertauschen und addieren	Ziffern bei Aufgaben vertauschen und Ergebnisse vergleichen	Zusatzfrage: wie wird für gleiche/ unterschiedliche Ergebnisse vertauscht?	Partnerkontrolle und Lösungsblatt
10	Fehleraufgaben	In fertigen Aufgaben Fehler finden und begründen	einen oder mehrere Fehler finden	Lösungsblatt

3. Sachaufgaben

Nr.	Name	Beschreibung	Differenzierung	Kontrolle
11	Einkauf	Preise aus Spielzeugprospekt addieren	2 oder mehrere Spielzeugpreise addieren	Partnerkontrolle
12	Strecken addieren	Auf Deutschland-Wegeplan Strecken von Großstädten finden und addieren	kurze oder lange Strecken	Partnerkontrolle
13	Gewichte addieren	Gewicht von Tierfamilien addieren	viele oder wenige Tierfamilien	Partnerkontrolle
14	Schülerzahlen der Schule addieren	Zahlen aller Klassen addieren	Zahlen der Parallelklassen zuerst oder eine Gesamtrechnung	Partnerkontrolle
15	Aufgaben erfinden	Eigene Sachaufgaben mit großen zu addierenden Zahlen auf eine Karte und Lösungen für Rückseite notieren	Schüler nehmen Zahlen nach eigenem Leistungsstand	Lehrerkontrolle
16	Aufgaben anderer Kinder berechnen	Die erfundene Aufgabe eines Kindes berechnen	einfache oder schwere Aufgabe aussuchen	Lösungsblatt

2.2 Laufzettel und Material für die Stationen

a) Laufzettel

1. Leichte Rechenübungen

Nr.	Name	Arbeitsform	Kontrolle	kontrolliert	Lehrerkontrolle
1	Aufgaben schreiben und addieren	Einzelarbeit	Lösungsblatt		
2	Aufgaben würfeln	Partnerarbeit	Partnerkontrolle		
3	Geheimschrift	Einzelarbeit	Lösungswort und Lösungsblatt		
4	Zuordnungsspiel	Einzelarbeit	Lösungsbild und Lösungsblatt		
5	Memorix	Partner- oder Gruppenarbeit	Partnerkontrolle und Lösung durch vorhandene Ergebniskarte		

2. Teil: Schwere Rechenübungen

Nr.	Name	Arbeitsform	Kontrolle	kontrolliert	Lehrerkontrolle
6	Klecksaufgaben	Einzelarbeit	Lösungsblatt		
7	Aufgaben mit Karten legen	Einzel- oder Partnerarbeit	Lösungsblatt bzw. Partnerkontrolle		
8	Würfelspiel	Partner- oder Gruppenarbeit	Partnerkontrolle		
9	Ziffern vertauschen und addieren	Einzelarbeit	Lösungsblatt		
10	Fehleraufgaben	Einzelarbeit	Lösungsblatt		

3. Sachaufgaben

Nr.	Name	Arbeitsform	Kontrolle	kontrolliert	Lehrerkontrolle
11	Einkauf	Partner- oder Gruppenarbeit	Partnerkontrolle		
12	Strecken addieren	Einzel- oder Partnerarbeit	Partnerkontrolle		
13	Gewichte addieren	Einzel- oder Partnerarbeit	Partnerkontrolle		
14	Schülerzahlen der Schule addieren	Einzel- oder Partnerarbeit	Partnerkontrolle		
15	Aufgaben erfinden	Einzelarbeit	Lehrerkontrolle		
16	Aufgaben anderer Kinder berechnen	Einzelarbeit	Lösungsblatt		

b) Zusätzliches Material:

Station 2: 6er- oder 10er-Würfel
Station 4: Schere, Kleber
Station 5: Schere
Station 7: Schere, Tonpapier, Kleber
Station 8: Spielfiguren, Würfel

Leichte Aufgaben schreiben und addieren

Addiere schriftlich. Schreibe die folgenden Aufgaben untereinander in die Rechenkästchen und rechne sie aus. Du kannst deine Ergebnisse mit dem Lösungsblatt vergleichen.

Aufgaben:

246 + 125	428 + 436	154 + 729	216 + 539	326 + 564
352 + 572	754 + 182	821 + 159	537 + 382	429 + 390

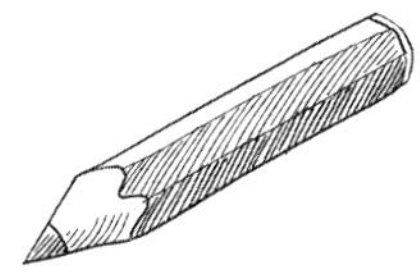

Lösung 1A

2 4 6	4 2 8	1 5 4	2 1 6	3 2 6
+ 1 2 5	+ 4 3 6	+ 7 2 9	+ 5 3 9	+ 5 6 4
1	1	1	1	1
3 7 1	8 6 4	8 8 3	7 5 5	8 9 0

3 5 2	7 5 4	8 2 1	5 3 7	4 2 9
+ 5 7 2	+ 1 8 2	+ 1 5 9	+ 3 8 2	+ 3 9 0
1	1	1	1	1
9 2 4	9 3 6	9 8 0	9 1 9	8 1 9

Schwere Aufgaben schreiben und addieren

Addiere schriftlich. Schreibe die folgenden Aufgaben untereinander in die Rechenkästchen und rechne sie aus. Du kannst deine Ergebnisse mit dem Lösungsblatt vergleichen.

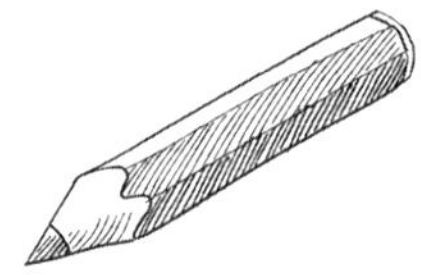

Aufgaben:

246 + 25	428 + 36	154 + 29	216 + 39	326 + 64
52 + 572	54 + 182	21 + 159	37 + 382	29 + 390

Lösung 1B

246	428	154	216	326
+ 25	+ 36	+ 29	+ 39	+ 64
1	1	1	1	1
271	464	183	255	390
52	54	21	37	29
+ 572	+ 182	+ 159	+ 382	+ 390
1	1	1	1	1
624	236	180	419	419

Leichte Aufgaben würfeln

Würfle dreimal mit dem Würfel und schreibe die Hunderterzahl in die obere Kästchenreihe.
Würfle noch dreimal und schreibe diese Hunderterzahl in die untere Kästchenreihe. Addiere die Zahlen untereinander.
Würfle weitere neun Aufgaben. Lass einen Partner kontrollieren.

+ + + + +

Kontrollhäkchen des Partners unter den Aufgaben: ______________________

+ + + + +

Kontrollhäkchen des Partners unter den Aufgaben: ______________________

Schwere Aufgaben würfeln

Würfle dreimal mit dem Würfel und schreibe die Hunderterzahl in die obere Kästchenreihe.
Würfle noch weitere zwei Male dreimal und schreibe diese Hunderterzahlen in die Kästchenreihen darunter. Addiere die Zahlen untereinander. Würfle weitere neun Aufgaben. Lass einen Partner kontrollieren.

+ + + + +

Kontrollhäkchen des Partners unter den Aufgaben: ______________________

+ + + + +

Kontrollhäkchen des Partners unter den Aufgaben: ______________________

Leichte Geheimschrift

Löse die Aufgaben. Ordne die Ergebnisse nach der Größe (vom kleinsten zum größten Ergebnis) und suche die passenden Lösungsbuchstaben dazu. Du erhältst ein Lösungswort. Wenn du Hilfe benötigst, schau auf das Lösungsblatt.

Geheimschrift:

258	319	158	215	326
+ 225	+ 436	+ 528	+ 139	+ 234
___	___	___	___	___
122	654	123	37	425
+ 772	+ 162	+ 157	+ 162	+ 534
___	___	___	___	___

Sortiere die Ergebnisse nach der Größe.

____

Lösungsbuchstaben zu den Ergebnissen: 483 = H, 755 = Ö, 686 = K, 354 = T, 560 = E, 894 = I, 816 = N, 280 = A, 199 = M, 959 = G

Lösungswort: ____

Lösung 3A

258	319	158	215	326
+ 225	+ 436	+ 528	+ 139	+ 234
1	1	1	1	1
483	755	686	354	560
122	654	123	37	425
+ 772	+ 162	+ 157	+ 162	+ 534
	1	1		
894	816	280	199	959

199	**280**	**354**	**483**	**560**	**686**	**755**	**816**	**894**	**959**
M	**A**	**T**	**H**	**E**	**K**	**Ö**	**N**	**I**	**G**

Schwere Geheimschrift

Löse die Aufgaben. Ordne die Ergebnisse nach der Größe (vom kleinsten zum größten Ergebnis) und suche die passenden Lösungsbuchstaben dazu. Du erhältst ein Lösungswort. Wenn du Hilfe benötigst, schau auf das Lösungsblatt.

Geheimschrift:

258	19	198	285	376
+ 255	+ 176	+ 528	+ 139	+ 274
______	______	______	______	______
122	154	683	77	475
+ 779	+ 168	+ 197	+ 164	+ 538
______	______	______	______	______

Sortiere die Ergebnisse nach der Größe.

____

Lösungsbuchstaben zu den Ergebnissen: 424 = H, 726 = Ö, 650 = K, 322 = T, 513 = E, 901 = I, 880 = N, 241 = A, 195 = M, 1 013 = G

Lösungswort: ____

Lösung 3A

258	19	198	285	376
+ 255	+ 176	+ 528	+ 139	+ 274
1 1	1	1 1	1 1	1 1
513	195	726	424	650
122	154	683	77	475
+ 779	+ 168	+ 197	+ 164	+ 538
1 1	1 1	1 1	1 1	1 1
901	322	880	241	1013

195	241	322	424	513	650	726	880	901	1 013
M	**A**	**T**	**H**	**E**	**K**	**Ö**	**N**	**I**	**G**

Leichtes Zuordnungsspiel

Löse die Aufgaben des Spiels. Schneide die Aufgabenkarte und die Ergebniskarten aus. Lege jedes Bild mit der richtigen Lösungszahl auf die richtige Aufgabe. Wenn du alle Lösungen richtig angeordnet hast, entsteht ein Bild. Klebe die Karten auf, wenn du sie richtig zugeordnet hast.

247 + 689	247 + 644	240 + 379	147 + 287	267 + 682
144 + 269	245 + 748	246 + 594	222 + 539	247 + 651

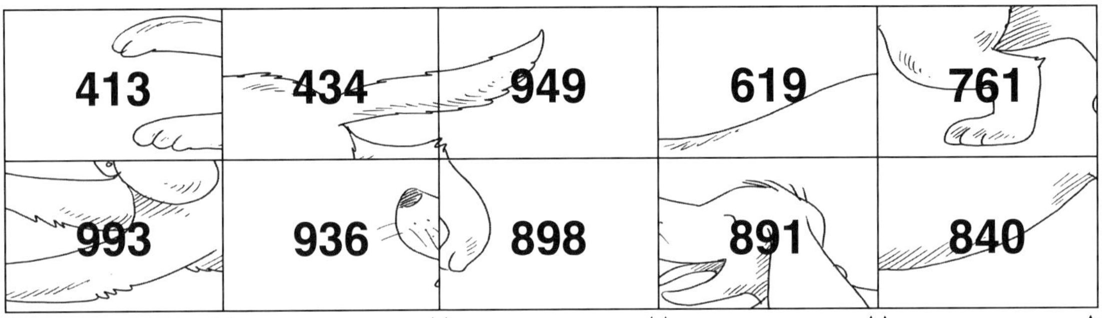

Lösung 4A

247 + 689 11 936	247 + 644 1 891	240 + 379 1 619	147 + 287 11 434	267 + 682 1 949
144 + 269 11 413	245 + 748 1 993	246 + 594 11 840	222 + 539 1 761	247 + 651 898

Schweres Zuordnungsspiel

Löse die Aufgaben des Spiels. Schneide die Aufgabenkarte und die Ergebniskarten aus. Lege jedes Bild mit der richtigen Lösungszahl auf die richtige Aufgabe. Wenn du alle Lösungen richtig angeordnet hast, entsteht ein Bild. Klebe die Karten auf, wenn du sie richtig zugeordnet hast.

247 + 689	247 + 644	240 + 379	147 + 287	267 + 682
144 + 269	245 + 748	246 + 594	222 + 539	247 + 651
142 + 267	245 + 136	245 + 294	212 + 438	444 + 631

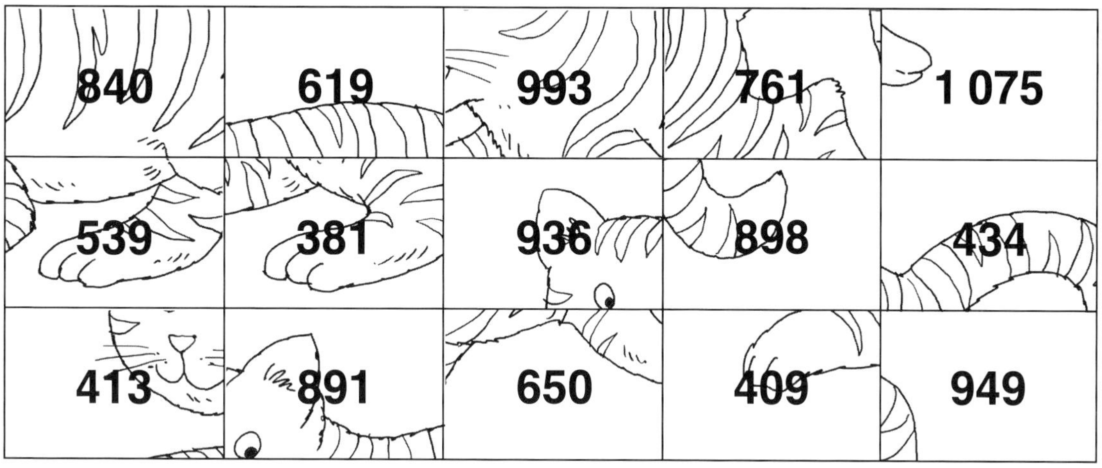

Lösung 4B

247 + 689 1 1 936	247 + 644 1 891	240 + 379 1 619	147 + 287 1 1 434	267 + 682 1 949
144 + 269 1 1 413	245 + 748 1 993	246 + 594 1 1 840	222 + 539 1 761	247 + 651 898
142 + 267 1 409	245 + 136 1 381	245 + 294 1 539	212 + 438 1 650	444 + 631 1075

Leichtes Memorix

Klebe so viele Memorixpärchen (Aufgaben- und Ergebniskarten nebeneinander) auf Tonpapier, wie du zum Spielen verwenden möchtest. Es sollten mindestens 6 Pärchen sein. Schneide die Karten aus und lege sie verdeckt auf den Tisch.

Spiele das Spiel wie Memorix zu zweit mit einer Partnerin oder einem Partner. Deckt abwechselnd zwei Karten auf. Ist eine Aufgabenkarte dabei, rechnet die Aufgabe aus und merkt euch die Ergebniszahl. Wer zuerst eine gelöste Aufgabenkarte und das dazugehörige Ergebnis aufdecken kann, darf die Karten behalten. Wer zum Schluss die meisten Pärchen hat, ist Sieger.

147 + 683	248 + 614	240 + 397	147 + 567	267 + 661
144 + 458	249 + 728	247 + 395	275 + 539	136 + 651
31 + 267	244 + 126	264 + 264	215 + 418	444 + 654

830	**862**	**637**	**714**	**928**
602	**977**	**642**	**814**	**787**
298	**370**	**528**	**633**	**1 098**

Schweres Memorix

Klebe alle Memorixpärchen auf Tonpapier. Schneide die Karten aus und lege sie verdeckt auf den Tisch.

Spiele das Spiel wie Memorix zu zweit mit einer Partnerin oder einem Partner. Deckt abwechselnd zwei Karten auf. Ist eine Aufgabenkarte dabei, rechnet die Aufgabe aus und merkt euch die Ergebniszahl. Wer zuerst eine gelöste Aufgabenkarte und das dazugehörige Ergebnis aufdecken kann, darf die Karten behalten. Wer zum Schluss die meisten Pärchen hat, ist Sieger.

147 + 683	248 + 614	240 + 397	147 + 567	267 + 661
144 + 458	249 + 728	247 + 395	275 + 539	136 + 651
31 + 267	244 + 126	264 + 264	215 + 418	444 + 654

637	**642**	**298**	**862**	**370**
633	**602**	**830**	**814**	**714**
1 098	**977**	**787**	**928**	**528**

Lösung 5A und 5B

147 + 683 1 1 830	248 + 614 1 862	240 + 397 1 637	147 + 567 1 1 714	267 + 661 1 928
144 + 458 1 1 602	249 + 728 1 977	247 + 395 1 1 642	275 + 539 1 1 814	136 + 651 787
31 + 267 298	244 + 126 1 370	264 + 264 1 528	215 + 418 1 633	444 + 654 1098

Leichte Klecksaufgaben

Versuche, die fehlenden, weggewischten Ziffern auf dem Arbeitsblatt zu ergänzen. Du kannst deine Lösungen mit dem Lösungsblatt vergleichen.

2 _ 6	4 _ 8	2 _ 4	_ 1 _	_ 3 _
+ _ 2 _	+ _ 3 _	+ _ 3 _	+ 4 _ 1	+ 5 _ 4
5 6 8	7 5 9	8 8 7	8 4 5	8 7 9

3 _ 2	_ 5 _	5 _ 2	_ 7 _	4 _ 2
+ _ 3 _	+ 1 _ 2	+ _ 5 _	+ 3 _ 4	+ _ 9 _
9 9 4	5 7 8	6 7 8	9 9 9	5 9 9

Lösung 6A

2 4 6	4 2 8	2 5 4	4 1 4	3 3 5
+ 3 2 2	+ 3 3 1	+ 6 3 3	+ 4 3 1	+ 5 4 4
5 6 8	7 5 9	8 8 7	8 4 5	8 7 9

3 6 2	4 5 6	5 2 2	6 7 5	4 0 2
+ 6 3 2	+ 1 2 2	+ 1 5 6	+ 3 2 4	+ 1 9 7
9 9 4	5 7 8	6 7 8	9 9 9	5 9 9

Schwere Klecksaufgaben

Versuche, die fehlenden, weggewischten Ziffern auf dem Arbeitsblatt zu ergänzen. Denke auch an die Überträge.
Du kannst deine Lösungen mit dem Lösungsblatt vergleichen.

	2		6		4		8		2		4			1				2	
+		2		+		3		+		2		+	4		8	+	5		4
		1				1				1				1				1	
	5	7	0		7	6	5		8	8	1		8	5	5		8	7	0

	3		2			5			5		2			7			4		2
+		7		+	1		2	+		5		+	3		4	+		9	
	1				1					1			1				1		
	9	3	4		5	3	8		6	8	0		9	5	9		5	1	9

Lösung 6B

	2	4	6		4	2	8		2	5	4		4	1	7		3	2	6
+	3	2	4	+	3	3	7	+	6	2	7	+	4	3	8	+	5	4	4
		1				1				1				1				1	
	5	7	0		7	6	5		8	8	1		8	5	5		8	7	0

	3	6	2		3	5	6		5	2	2		5	7	5		4	2	2
+	5	7	2	+	1	8	2	+	1	5	8	+	3	8	4	+	0	9	7
	1				1					1			1				1		
	9	3	4		5	3	8		6	8	0		9	5	9		5	1	9

Einfache Aufgaben mit Karten legen

Nimm dir den Umschlag mit den Zahlenkarten.

Versuche, mit den Ziffern 0 bis 9 zu jedem Ergebnis der Aufgaben die passenden Karten für eine Additionsaufgabe in die Kästchen zu legen. Rechne dann noch einmal nach oder schau dir eine mögliche Lösung an.

Schreibe nun die richtigen Ziffern in die Kästchen und lege eine neue Aufgabe.

+					+				
	5	5	5			6	6	6	

+					+				
	7	7	7			8	8	8	

Eine mögliche Lösung 7A

	1	2	5			1	2	6	
+	4	3	0		+	5	4	0	
	5	5	5			6	6	6	

	1	2	3			1	2	3	
+	6	5	4		+	7	6	5	
	7	7	7			8	8	8	

Schwere Aufgaben mit Karten legen

Nimm dir den Umschlag mit den Zahlenkarten.

Versuche, mit den Ziffern 0 bis 9 zu jedem Ergebnis der Aufgaben die passenden Karten für eine Additionsaufgabe in die Kästchen zu legen. Rechne dann noch einmal nach oder schau dir eine mögliche Lösung an.

Schreibe nun die richtigen Ziffern in die Kästchen und lege eine neue Aufgabe.

+					+				
	4	6	8			7	8	5	

+					+				
	9	8	6			8	9	7	

Eine mögliche Lösung 7B

	1	2	8			3	6	5	
+	3	4	0		+	4	2	0	
	4	6	8			7	8	5	

		1	2			3	2	6	
+	9	7	4		+	5	7	1	
	9	8	6			8	9	7	

Zahlenkarten

0	1	2	3	4					
0	1	2	3	4					
0	1	2	3	4	5	6	7	8	9
0	1	2	3	4	5	6	7	8	9
0	1	2	3	4	5	6	7	8	9
0	1	2	3	4	5	6	7	8	9
0	1	2	3	4	5	6	7	8	9
0	1	2	3	4	5	6	7	8	9
0	1	2	3	4	5	6	7	8	9
0	1	2	3	4	5	6	7	8	9
0	1	2	3	4	5	6	7	8	9
0	1	2	3	4	5	6	7	8	9
0	1	2	3	4	5	6	7	8	9
0	1	2	3	4	5	6	7	8	9
0	1	2	3	4	5	6	7	8	9
0	1	2	3	4	5	6	7	8	9
0	1	2	3	4	5	6	7	8	9
0	1	2	3	4	5	6	7	8	9
0	1	2	3	4	5	6	7	8	9
0	1	2	3	4	5	6	7	8	9

Leichtes Würfelspiel

- Nimm dir das Würfelspiel und suche dir eine Partnerin oder einen Partner.
- Stellt die Spielfiguren auf das Startfeld.
- Jetzt wird gewürfelt.
- Jeder notiert die Zahl, auf die er kommt, auf einem Zettel.
- Ab dem zweiten Feld wird die neue Zahl immer untereinander dazuaddiert.
- Wer im Ziel die höchste addierte Zahl hat, gewinnt.

→	78	65	78	14	52	75	Ziel
56	29	48	53	48	21	78	←
→	58	46	38	93	57	59	76
73	36	76	15	95	68	42	←
Start	→	23	45	64	71	83	92

Schweres Würfelspiel

- Nimm dir das Würfelspiel und suche dir eine Partnerin oder einen Partner.
- Stellt die Spielfiguren auf das Startfeld.
- Jetzt wird gewürfelt.
- Jeder notiert die Zahl, auf die er kommt, auf einem Zettel.
- Ab dem zweiten Feld wird die neue Zahl immer untereinander dazuaddiert.
- Wer im Ziel die höchste addierte Zahl hat, gewinnt.

→	198	159	174	186	148	178	Ziel
19	35	85	35	49	21	18	←
→	189	148	167	145	165	123	179
49	51	86	15	78	18	46	←
Start	→	123	159	148	168	178	167

Ziffern vertauschen und addieren – leicht

Vertausche in der ersten Aufgabe zwei Ziffern untereinander, in der zweiten Aufgabe zwei Ziffern nebeneinander.

	2	4	6							4	2	8		
+	3	2	2						+	3	3	1		
	5	6	8							7	5	9		

Ziffern untereinander tauschen:

Ziffern nebeneinander tauschen:

+									+					

Was fällt dir auf?

____

____

Lösung 9A

	2	4	6							4	2	8		
+	3	2	2						+	3	3	1		
	5	6	8							7	5	9		

Ziffern untereinander tauschen:

Ziffern nebeneinander tauschen:

	3	2	2							2	4	8		
+	2	4	6						+	3	1	3		
											1			
	5	6	8							5	6	1		

Was fällt dir auf?

Das Ergebnis bleibt bei der ersten Aufgabe gleich.

____

Ziffern vertauschen und addieren – schwer

Vertausche in der ersten Aufgabe zwei Ziffern untereinander, in der zweiten Aufgabe zwei Ziffern nebeneinander.

	246				428		
+	322	+		+	331	+	
	568				759		

Was fällt dir auf?

___

___

Schreibe die Regel weiter.

Beim Vertauschen von Ziffern in einer Additionsaufgabe bleibt das Ergebnis gleich,

wenn ___

Beim Vertauschen von Ziffern in einer Additionsaufgabe erhält man ein anderes Ergebnis,

wenn ___

Lösung 9B

	246		322		428		248
+	322	+	246	+	331	+	313
							1
	568		568		759		561

Was fällt dir auf?

Das Ergebnis bleibt bei der ersten Aufgabe gleich.

___

Schreibe die Regel weiter.

Beim Vertauschen von Ziffern in einer Additionsaufgabe bleibt das Ergebnis gleich,

wenn *Ziffern untereinender vertauscht werden.*

Beim Vertauschen von Ziffern in einer Additionsaufgabe erhält man ein anderes Ergebnis,

wenn *Ziffern nebeneinender vertauscht werden.*

Leichte Fehleraufgaben

In jeder Aufgabe des Arbeitsblattes hat sich ein Fehler eingeschlichen.
Rechne die Aufgaben selbst noch einmal und streiche die Fehler oben an.

2 4 6	4 2 8	1 5 4	2 1 6	3 2 6
+ 1 2 5	+ 4 3 6	+ 7 2 9	+ 5 3 9	+ 5 6 4
1	1	1	1	1
3 7 2	8 9 4	9 8 3	7 7 5	8 9 2

2 4 6	4 2 8	1 5 4	2 1 6	3 2 6
+ 1 2 5	+ 4 3 6	+ 7 2 9	+ 5 3 9	+ 5 6 4

Lösung 10A

2 4 6	4 2 8	1 5 4	2 1 6	3 2 6
+ 1 2 5	+ 4 3 6	+ 7 2 9	+ 5 3 9	+ 5 6 4
1	1	1	1	1
3 7 1	8 6 4	8 8 3	7 5 5	8 9 0

Schwere Fehleraufgaben

In jeder Aufgabe des Arbeitsblattes haben sich mehrere Fehler eingeschlichen.
Rechne die Aufgaben selbst noch einmal und streiche die Fehler oben an.

246	428	154	216	326
+ 125	+ 436	+ 729	+ 539	+ 564
	1	1	1	1
372	794	982	675	992

246	428	154	216	326
+ 125	+ 436	+ 729	+ 539	+ 564

Lösung 10B

246	428	154	216	326
+ 125	+ 436	+ 729	+ 539	+ 564
1	1	1	1	1
371	864	883	755	890

Einkauf – leichte Aufgaben

Suche dir aus den Prospekten zwei Spielzeuge aus, die du kaufen möchtest. Berechne, wie viel du bezahlen musst, indem du untereinander addierst. Lass dein Ergebnis von einem Partner kontrollieren. Berechne zwei weitere Einkäufe.

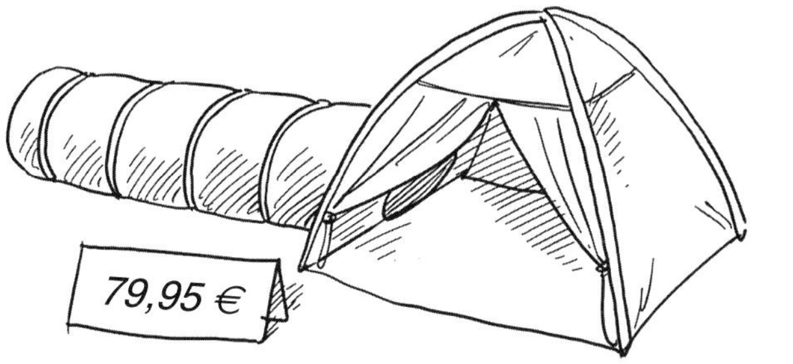

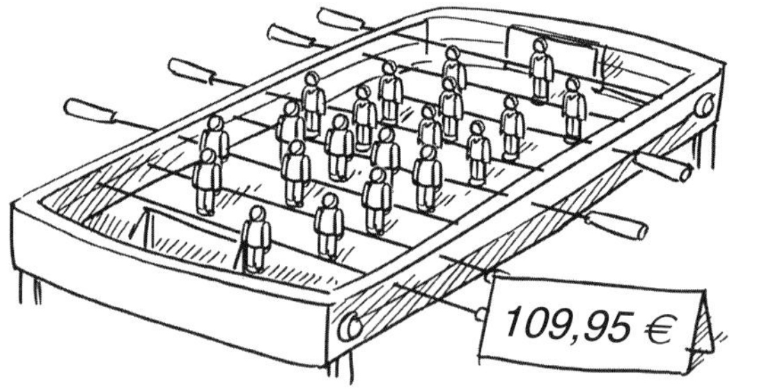

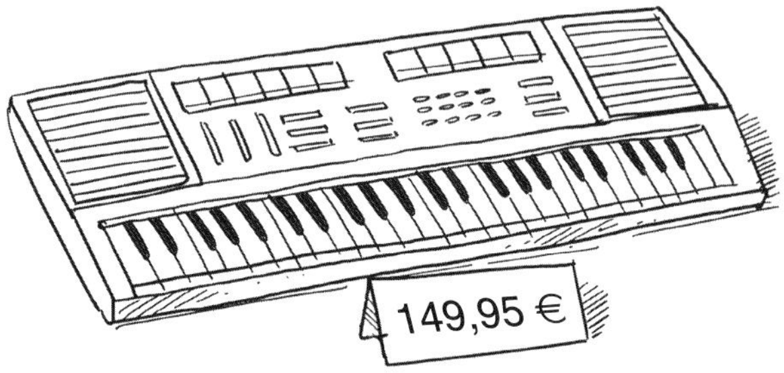

+ + +

Mein 1. Einkauf kostet: ____________________

Mein 2. Einkauf kostet: ____________________

Mein 3. Einkauf kostet: ____________________

Einkauf – schwere Aufgaben

Suche dir aus den Prospekten zwei oder mehr Spielzeuge aus, die du kaufen möchtest. Berechne, wie viel du bezahlen musst, indem du untereinander addierst. Lass dein Ergebnis von einem Partner kontrollieren. Berechne zwei weitere Einkäufe.

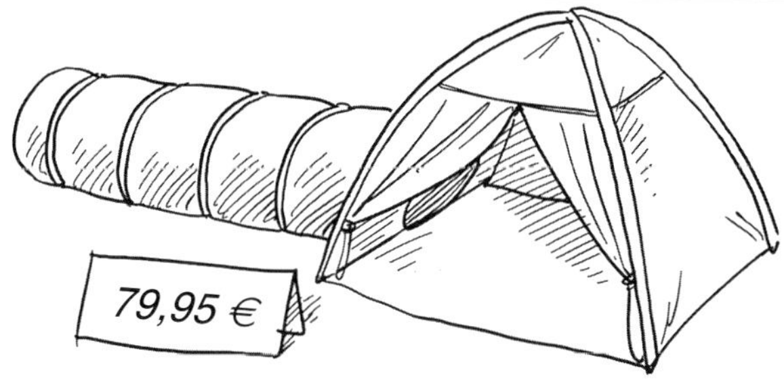

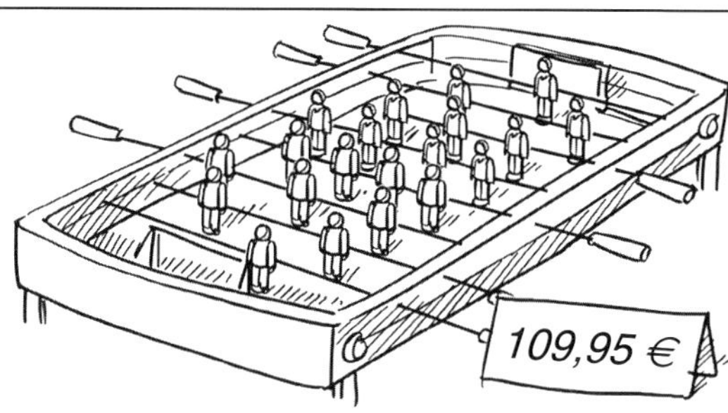

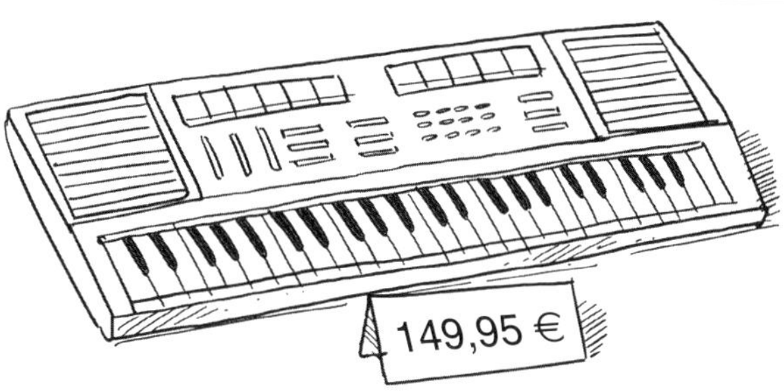

\+ \+ \+

Mein 1. Einkauf kostet: ____________________

Mein 2. Einkauf kostet: ____________________

Mein 3. Einkauf kostet: ____________________

Strecken addieren – leicht

Suche auf dem Wegenetz von Deutschland zwei Strecken aus und addiere die Kilometerangaben untereinander. Notiere die Stadt deines Startpunktes und die Stadt deines Ziels sowie die errechnete Entfernung zwischen den Städten.

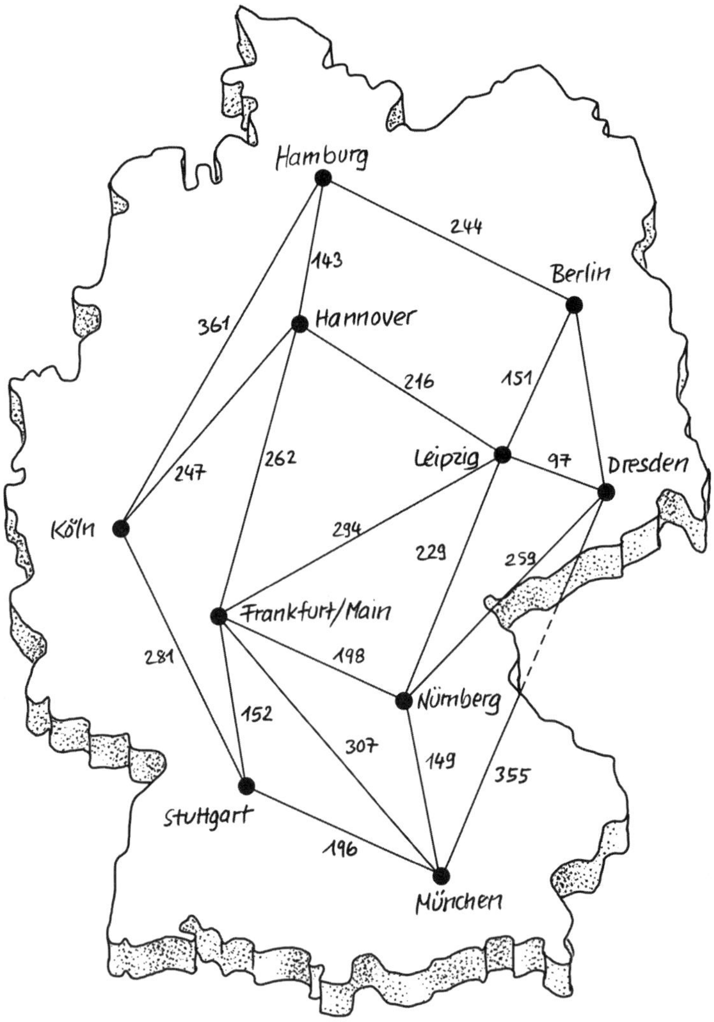

1. Start-Stadt: ______________________ ➪ Ziel-Stadt: ______________________

   Meine Gesamtstrecke beträgt ________ km.

2. Start-Stadt: ______________________ ➪ Ziel-Stadt: ______________________

   Meine Gesamtstrecke beträgt ________ km.

Strecken addieren – schwer

Suche auf dem Wegenetz von Deutschland mehrere Strecken aus und addiere die Kilometerangaben untereinander. Notiere die Stadt deines Startpunktes und die Stadt deines Ziels sowie die errechnete Entfernung zwischen den Städten.

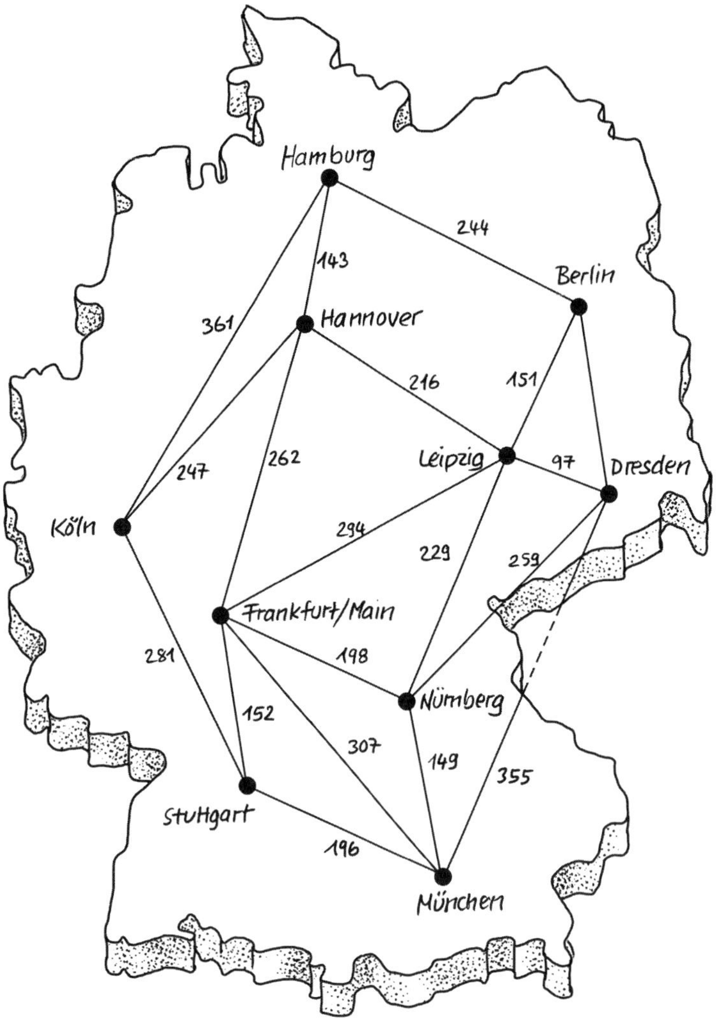

Gewichte addieren – leicht

Suche eine Tierfamilie aus. Berechne, wie viel Mutter und Junges zusammen wiegen. Notiere das Tier und das errechnete Gewicht. Suche dir eine weitere Tierfamilie aus.

Rind: 500 kg		Kalb: 250 kg
Braunbär: 780 kg		Braunbär-Junges: 390 kg
Gorilla: 275 kg		Gorilla-Junges: 135 kg
Lama: 155 kg		Lama-Junges: 78 kg
Gepard: 65 kg		Geparden-Junges: 33 kg

1. Tiername: ____________________

+

Gewicht Mutter und Junges: __________

2. Tiername: ____________________

+

Gewicht Mutter und Junges: __________

Gewichte addieren – schwer

Suche eine Tierfamilie aus. Berechne, wie viel die Elterntiere und das Junge zusammen wiegen. Notiere das Tier und das errechnete Gewicht. Du kannst noch zwei weitere Tierfamilien berechnen.

Rind: 500 kg		Kalb: 250 kg
Braunbär: 780 kg		Braunbär-Junges: 390 kg
Gorilla: 275 kg		Gorilla-Junges: 135 kg
Lama: 155 kg		Lama-Junges: 78 kg
Gepard: 65 kg		Geparden-Junges: 33 kg

1. Tiername: ______________________ Gewicht Tierfamilie: __________________

2. Tiername: ______________________ Gewicht Tierfamilie: __________________

3. Tiername: ______________________ Gewicht Tierfamilie: __________________

\+ \+ \+

Schülerzahlen der Schule addieren – leicht

Finde heraus, wie viele Kinder in welchen Klassen an deiner Schule sind.
Notiere die Anzahl in der Tabelle.
Rechne zuerst die Kinder der 1. Klassen, dann die Kinder der 2. Klassen, dann der 3. Klassen und zum Schluss alle Kinder der 4. Klassen zusammen.
Addiere nun die Kinder der 1. und 2. Klassen, dann die Kinder der 3. und 4. Klassen. Berechne zum Schluss die Gesamtzahl aller Kinder (Ergebnis Klasse 1 und 2 plus Ergebnis Klasse 3 und 4).

Klasse	Schülerzahl

Klasse	Schülerzahl

Rechnung

1. Klassen: +

2. Klassen: +

3. Klassen: +

4. Klassen: +

1. und 2. Klasse: +

3. und 4. Klasse: +

Rechnung Gesamtzahl,

Ergebnis 1./2. und 3./4. Klassen: +

Unsere Schule besuchen ____________ Kinder.

Schülerzahlen der Schule addieren – schwer

Finde heraus, wie viele Kinder in welchen Klassen an deiner Schule sind.
Notiere die Anzahl in der Tabelle.
Berechne nun die Gesamtzahl aller Kinder der Schule.

Klasse	Schülerzahl

Klasse	Schülerzahl

Rechnung

____

____

____

____

Unsere Schule besuchen ____________ Kinder.

Leichte Aufgaben erfinden

Erfinde eigene leichte Aufgaben mit großen Zahlen für die Kinder deiner Klasse. Nimm dazu diese Karteikarte. Notiere oben die Aufgaben. Unten notierst du die Lösungen.

Lass die Aufgaben von deiner Lehrerin oder deinem Lehrer nachschauen und lege sie in die Karteikartenbox.

+ + + +

+ + + +

Lösung 15A

+ + + +

+ + + +

Schwere Aufgaben erfinden

Erfinde eigene schwere Aufgaben mit großen Zahlen für die Kinder deiner Klasse. Nimm dazu diese Karteikarte. Notiere oben die Aufgaben.
Unten notierst du die Lösungen.
Lass die Aufgaben von deiner Lehrerin oder deinem Lehrer nachschauen und lege sie in die Karteikartenbox.

+ + + +

+ + + +

+ + + +

Lösung 15B

+ + + +

+ + + +

+ + + +

Leichte Aufgaben anderer Kinder berechnen

Nimm dir eine Karteikarte mit leichten Aufgaben aus der Box und löse sie.
Kontrolliere deine Aufgabe mit der Lösung auf der Rückseite.

Schwere Aufgaben anderer Kinder berechnen

Nimm dir eine Karteikarte mit schweren Aufgaben aus der Box und löse sie.
Kontrolliere deine Aufgabe mit der Lösung auf der Rückseite.

Kl. 4: Leichte Aufgaben schreiben und addieren

Addiere schriftlich. Schreibe die folgenden Aufgaben untereinander in die Rechenkästchen und rechne sie aus. Du kannst deine Ergebnisse mit dem Lösungsblatt vergleichen.

Aufgaben:

2 465 + 1 254   4 286 + 4 363   1 545 + 7 297   2 165 + 5 395   3 262 + 5 645

35 214 + 57 237   75 483 + 18 273   82 175 + 15 976   53 728 + 38 172

Lösung 1A

$$\begin{array}{crrrr} & 2 & 4 & 6 & 5 \\ + & 1 & 2 & 5 & 4 \\ & & {\scriptstyle 1} & & \\ \hline & 3 & 7 & 1 & 9 \end{array} \qquad \begin{array}{crrrr} & 4 & 2 & 8 & 6 \\ + & 4 & 3 & 6 & 3 \\ & & {\scriptstyle 1} & & \\ \hline & 8 & 6 & 4 & 9 \end{array} \qquad \begin{array}{crrrr} & 1 & 5 & 4 & 5 \\ + & 7 & 2 & 9 & 7 \\ & & {\scriptstyle 1} & {\scriptstyle 1} & \\ \hline & 8 & 8 & 4 & 2 \end{array} \qquad \begin{array}{crrrr} & 2 & 1 & 6 & 5 \\ + & 5 & 3 & 9 & 5 \\ & & {\scriptstyle 1} & {\scriptstyle 1} & \\ \hline & 7 & 5 & 6 & 0 \end{array} \qquad \begin{array}{crrrr} & 3 & 2 & 6 & 2 \\ + & 5 & 6 & 4 & 5 \\ & & {\scriptstyle 1} & & \\ \hline & 8 & 9 & 0 & 7 \end{array}$$

$$\begin{array}{crrrrr} & 3 & 5 & 2 & 1 & 4 \\ + & 5 & 7 & 2 & 3 & 7 \\ & {\scriptstyle 1} & & & {\scriptstyle 1} & \\ \hline & 9 & 2 & 4 & 5 & 1 \end{array} \qquad \begin{array}{crrrrr} & 7 & 5 & 4 & 8 & 3 \\ + & 1 & 8 & 2 & 7 & 3 \\ & {\scriptstyle 1} & & {\scriptstyle 1} & & \\ \hline & 9 & 3 & 7 & 5 & 6 \end{array} \qquad \begin{array}{crrrrr} & 8 & 2 & 1 & 7 & 5 \\ + & 1 & 5 & 9 & 7 & 6 \\ & & {\scriptstyle 1} & {\scriptstyle 1} & {\scriptstyle 1} & \\ \hline & 9 & 8 & 1 & 5 & 1 \end{array} \qquad \begin{array}{crrrrr} & 5 & 3 & 7 & 2 & 8 \\ + & 3 & 8 & 1 & 7 & 2 \\ & {\scriptstyle 1} & & {\scriptstyle 1} & {\scriptstyle 1} & \\ \hline & 9 & 1 & 9 & 0 & 0 \end{array}$$

Kl. 4: Schwere Aufgaben schreiben und addieren

Addiere schriftlich. Schreibe die folgenden Aufgaben untereinander in die Rechenkästchen und rechne sie aus. Du kannst deine Ergebnisse mit dem Lösungsblatt vergleichen.

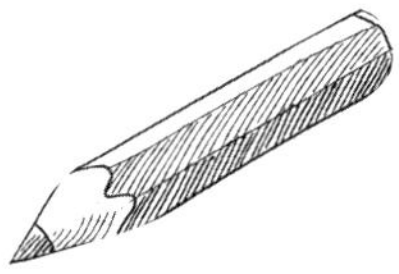

Aufgaben:

2 465 + 255   4 287 + 360   1 546 + 295   2 169 + 398   3 266 + 649

5 225 + 57 273   5 439 + 18 257   2 156 + 15 878   3 725 + 38 295

Lösung 1B

2 4 6 5	4 2 8 7	1 5 4 6	2 1 6 9	3 2 6 6
+ 2 5 5	+ 3 6 0	+ 2 9 5	+ 3 9 8	+ 6 4 9
1 1	1	1 1	1 1	1 1
2 7 2 0	4 6 4 7	1 8 4 1	2 5 6 7	3 9 1 5

5 2 2 5	5 4 3 9	2 1 5 6	3 7 2 5
+ 5 7 2 7 3	+ 1 8 2 5 7	+ 1 5 8 7 8	+ 3 8 2 9 5
1	1 1	1 1 1	1 1 1 1
6 2 4 9 8	2 3 6 9 6	1 8 0 3 4	4 2 0 2 0

Kl. 4: Leichte Aufgaben würfeln

Würfle viermal mit dem Würfel und schreibe die Tausenderzahl in die obere Kästchenreihe.
Würfle noch viermal und schreibe diese Tausenderzahl in die untere Kästchenreihe. Addiere die Zahlen untereinander.
Würfle weitere neun Aufgaben. Lass einen Partner kontrollieren.

Kontrollhäkchen des Partners unter den Aufgaben: ______________________________

Kontrollhäkchen des Partners unter den Aufgaben: ______________________________

Kl. 4: Schwere Aufgaben würfeln

Würfle viermal mit dem Würfel und schreibe die Tausenderzahl in die obere Kästchenreihe.
Würfle noch weitere zwei Male viermal und schreibe diese Tausenderzahlen in die Kästchenreihe darunter. Addiere die Zahlen untereinander. Würfle weitere neun Aufgaben. Lass einen Partner kontrollieren.

Kontrollhäkchen des Partners unter den Aufgaben: ______________________________

Kontrollhäkchen des Partners unter den Aufgaben: ______________________________

Kl. 4: Leichte Fehleraufgaben

In jeder Aufgabe des Arbeitsblattes hat sich ein Fehler eingeschlichen.
Rechne die Aufgaben selbst noch einmal und streiche die Fehler oben an.

2 4 6 5	4 2 8 7	1 5 4 5	2 1 6 3	3 2 6 6
+ 1 2 5 4	+ 4 3 6 1	+ 7 2 9 2	+ 5 3 9 2	+ 5 6 4 1
1	1	1	1	1
3 7 2 9	8 9 4 8	9 8 3 7	7 7 5 5	8 9 2 7

2 4 6 5	4 2 8 7	1 5 4 5	2 1 6 3	3 2 6 6
+ 1 2 5 4	+ 4 3 6 1	+ 7 2 9 2	+ 5 3 9 2	+ 5 6 4 1

Lösung 10A

2 4 6 5	4 2 8 7	1 5 4 5	2 1 6 3	3 2 6 6
+ 1 2 5 4	+ 4 3 6 1	+ 7 2 9 2	+ 5 3 9 2	+ 5 6 4 1
1	1	1	1	1
3 7 1 9	8 6 4 8	8 8 3 7	7 5 5 5	8 9 0 7

Kl. 4: Schwere Fehleraufgaben

In jeder Aufgabe des Arbeitsblattes haben sich mehrere Fehler eingeschlichen.
Rechne die Aufgaben selbst noch einmal und streiche die Fehler oben an.

2464	4282	1545	2164	3262
+ 1253	+ 4361	+ 7292	+ 5395	+ 5642
	1	1	1	1
3727	7943	9827	6759	9924

2464	4282	1545	2164	3262
+ 1253	+ 4361	+ 7292	+ 5395	+ 5642

Lösung 10B

2464	4282	1545	2164	3262
+ 1253	+ 4361	+ 7292	+ 5395	+ 5642
1	1	1	1	1
3717	8643	8837	7559	8904

3 Die Lernkontrollen

Im Anschluss an die Kopiervorlagen sind dem Buch zwei Lernkontrollen (leicht und schwer) zum Thema schriftliche Addition angehängt. Diese beiden Tests können differenziert nach Behandlung der Stationen geschrieben werden.
Kinder, die mit den leichten Stationen gearbeitet haben, können den leichten Test mit den leichten Materialien, Kinder, die mit den schwereren Stationen gearbeitet haben, können den schweren Test mit den schweren Materialien bearbeiten.

Aufbau und Aufgabenbereiche der Lernkontrollen:

Aufgaben addieren
Klecksaufgaben
Aufgaben mit Ziffern finden
Fehleraufgaben
Aufgabenreihe ergänzen
Sachaufgabe 1 normal
Sachaufgabe 2 Addition mit Geld

Lernkontrolle (leicht)

1 Rechne aus. Die letzten beiden Aufgaben sind schwerer. ______ von 8,5 P.

452	164	306	529	444
+ 326	+ 812	+ 280	+ 155	+ 395
___	___	___	___	___

2 Klecksaufgaben. Ergänze die Ziffern, die weggewischt wurden. ______ von 4,5 P.

4 _ 5	2 _ 7	2 _ 0
+ _ 1 _	+ _ 1 _	+ _ 5 _
568	759	884

3 Schreibe je eine Aufgabe zu diesen beiden Ergebnissen. ______ von 3 P.

+	+
678	123

4 Rechne die Aufgabe aus. Vergleiche mit dem Ergebnis von Klaus. Wo ist ihm ein Fehler unterlaufen? Kreise den Fehler ein. ______ von 3 P.

Löse:	Aufgabe von Klaus:
432	432
+ 296	+ 296
___	628

5 Sieh dir alle Aufgaben an. Schreibe die vierte Aufgabe dazu und rechne aus. ______ von 3 P.

123	234	345		567
+ 876	+ 765	+ 654	+	+ 432
999	999	999	___	999

❻ Für das Fußballspiel am Samstag wurden 684 Stehplatzkarten und 254 Sitzplatzkarten verkauft.

______ von 3 P.

Frage: Wie viele Karten wurden insgesamt verkauft?

Rechnung:

Antwort:

____

❼ Mutter kauft sich einen Pullover für 34,22 € und eine Bluse für 14,75 €. Wie viel kostet ihr Einkauf?

______ von 3 P.

Rechnung:

Antwort:

____

Erreichte Punktzahl: ______ von 28 Punkten

Lösung Lernkontrolle (leicht)

❶ Rechne aus. Die letzten beiden Aufgaben sind schwerer.

452	164	306	529	444
+ 326	+ 812	+ 280	+ 155	+ 395
			1	1
778	976	586	684	839

8,5 P. (0,5 Punkte für jede richtige Ergebnis- und Übertragsziffer)

❷ Klecksaufgaben. Ergänze die Ziffern, die weggewischt wurden.

455	247	230
+ 113	+ 512	+ 654
568	759	884

4,5 P. (0,5 Punkte für jede richtige Ergebnisziffer)

❸ Schreibe je eine Aufgabe zu diesen beiden Ergebnissen.

Eine mögliche Lösung:

432	012
+ 246	+ 111
678	123

3 P. (0,5 Punkte für jede richtige Ergebnisziffer untereinander)

❹ Rechne die Aufgabe aus. Vergleiche mit dem Ergebnis von Klaus.
Wo ist ihm ein Fehler unterlaufen? Kreise den Fehler ein.

Löse:	Aufgabe von Klaus:
432	432
+ 296	+ 296
1	
728	628

3 P. (je 0,5 Punkte für richtige Ergebnisziffern der ersten Aufgabe, 1 Punkt für Einkreisen des Fehlers)

❺ Sieh dir alle Aufgaben an. Schreibe die vierte Aufgabe dazu und rechne aus.

123	234	345	456	567
+ 876	+ 765	+ 654	+ 543	+ 432
999	999	999	999	999

3 P. (je 1 Punkt für eine richtige Ergebnisspalte)

❻ Für das Fußballspiel am Samstag wurden 684 Stehplatzkarten und 254 Sitzplatzkarten verkauft.

Frage: Wie viele Karten wurden insgesamt verkauft?

Rechnung:

		6	8	4					
	+	2	5	4					
		1							
		9	3	8					

Antwort:

Es wurden 938 Karten verkauft.

3 P. (je 1 Punkt für eine richtige Notation der Aufgabe, das Ausrechnen und die Antwort)

❼ Mutter kauft sich einen Pullover für 34,22 € und eine Bluse für 14,75 €. Wie viel kostet ihr Einkauf?

Rechnung:

		3	4,	2	2	€		
	+	1	4,	7	5	€		
		4	8,	9	7	€		

Antwort:

Der Einkauf kostet 48,97 Euro.

3 P. (je 1 Punkt für eine richtige Notation der Aufgabe, das Ausrechnen und die Antwort)

Erreichte Punktzahl: ______ von 28 Punkten

Lernkontrolle (schwer)

1 Rechne aus. Die letzten beiden Aufgaben sind schwerer. ______ von 11 P.

4 5 5	1 6 8	3 0 6	5 8 9	4 4 4
+ 3 2 6	+ 8 1 2	+ 2 8 7	+ 1 5 5	+ 3 9 7

2 Klecksaufgaben. Ergänze die Ziffern, die weggewischt wurden. Denke auch an die Überträge. ______ von 6 P.

4 □ 5	2 □ 7	2 □ 0
+ □ 1 □	+ □ 1 □	+ □ 5 □
5 6 3	7 0 9	8 2 4

3 Schreibe eine Aufgabe zu diesen beiden Ergebnissen. Benutze in jeder Aufgabe jede Ziffer von 0 bis 9 nur einmal. ______ von 3 P.

+	+
6 7 8	5 5 5

4 a) Rechne die Aufgabe aus. Vergleiche mit dem Ergebnis von Klaus. Wo ist ihm ein Fehler unterlaufen? Kreise den Fehler ein. ______ von 3 P.

Löse:	Aufgabe von Klaus:
4 3 2	4 3 2
+ 2 9 6	+ 2 9 6
	6 2 8

b) Was hat Klaus falsch gemacht? ______ von 1 P.

____

❺ a) Sieh dir alle Aufgaben an. Schreibe die vierte Aufgabe dazu und rechne aus.

______ von 3 P.

1 2 3	2 3 4	3 4 5		5 6 7
+ 8 7 6	+ 7 6 5	+ 6 5 4	+	+ 4 3 2
9 9 9	9 9 9	9 9 9		9 9 9

b) Warum sind alle Ergebnisse gleich? Begründe:

______ von 1 P.

____

____

____

❻ Für das Fußballspiel am Samstag wurden 784 Stehplatzkarten und 254 Sitzplatzkarten verkauft.

______ von 3 P.

Frage: Wie viele Karten wurden insgesamt verkauft?

Rechnung:

Antwort:

____

❼ Mutter kauft sich einen Pullover für 38,99 € und eine Bluse für 14,75 €. Wie viel kostet ihr Einkauf?

______ von 3 P.

Rechnung:

Antwort:

____

Erreichte Punktzahl: ______ von 34 Punkten

Lösung Lernkontrolle (schwer)

1 Rechne aus. Die letzten beiden Aufgaben sind schwerer.

	4	5	5				1	6	8				3	0	6				5	8	9			4	4	4
+	3	2	6			+	8	1	2			+	2	8	7			+	1	5	5		+	3	9	7
		1						1						1					1	1				1	1	
	7	8	1				9	8	0				5	9	3				7	4	4			8	4	1

11 P. (0,5 Punkte für jede richtige Ergebnis- und Übertragsziffer)

2 Klecksaufgaben. Ergänze die Ziffern, die weggewischt wurden. Denke auch an die Überträge.

		4	4	5			2	9	7			2	7	0
	+	1	1	8		+	4	1	2		+	5	5	4
			1				1					1		
		5	6	3			7	0	9			8	2	4

6 P. (0,5 Punkte für jede richtige Ergebnis- und Übertragsziffer)

3 Schreibe eine Aufgabe zu diesen beiden Ergebnissen. Benutze in jeder Aufgabe jede Ziffer von 0 bis 9 nur einmal.

Eine mögliche Lösung:

			2	1			4	0	2
	+	6	5	7		+	1	5	3
		6	7	8			5	5	5

3 P. (0,5 Punkte für jede richtige Ergebnisziffer untereinander)

4 a) Rechne die Aufgabe aus. Vergleiche mit dem Ergebnis von Klaus. Wo ist ihm ein Fehler unterlaufen? Kreise den Fehler ein.

Löse:

		4	3	2
	+	2	9	6
		1		
		7	2	8

Aufgabe von Klaus:

		4	3	2
	+	2	9	6
		1		
		6	2	8

3 P. (je 0,5 Punkte für richtige Ergebnisziffern der ersten Aufgabe, 1 Punkt für Einkreisen des Fehlers)

b) Was hat Klaus falsch gemacht?

Klaus hat den Übertrag vergessen.

1 P. (für die richtige Antwort)

❺ a) Sieh dir alle Aufgaben an. Schreibe die vierte Aufgabe dazu und rechne aus.

	1	2	3				2	3	4				3	4	5				4	5	6			5	6	7
+	8	7	6			+	7	6	5			+	6	5	4			+	5	4	3		+	4	3	2
	9	9	9				9	9	9				9	9	9				9	9	9			9	9	9

3 P. (je 1 Punkt für eine richtige Ergebnisspalte)

b) Warum sind alle Ergebnisse gleich? Begründe:

Bei den oberen Zahlen erhöhen sich die Ziffern um eins, bei den unteren verringern sich die Zahlen um eins. Die Summe bleibt immer gleich.

1 P. (für die richtige Antwort)

❻ Für das Fußballspiel am Samstag wurden 784 Stehplatzkarten und 254 Sitzplatzkarten verkauft.

Frage: Wie viele Karten wurden insgesamt verkauft?

Rechnung:

			7	8	4				
	+		2	5	4				
			1						
		1	0	3	8				

Antwort:

Es wurden insgesamt 1 038 Karten verkauft.

3 P. (je 1 Punkt für eine richtige Notation der Aufgabe, das Ausrechnen und die Antwort)

❼ Mutter kauft sich einen Pullover für 38,99 € und eine Bluse für 14,75 €.
Wie viel kostet ihr Einkauf?

Rechnung:

		3	8,	9	9	€					
	+	1	4,	7	5	€					
		1	1	1							
		5	3,	7	4	€					

Antwort:

Mutter bezahlt 53,74 Euro für ihren Einkauf.

3 P. (je 1 Punkt für eine richtige Notation der Aufgabe, das Ausrechnen und die Antwort)

Erreichte Punktzahl: ______ von 34 Punkten